Ökologie up Platt

Un wo schall dat hingahn?

ISENSEE VERLAG
OLDENBURG

Bibliografische Information der Deutschen Bibliothek
Die Deutsche Bibliothek verzeichnet diese Publikation in der Deutschen Nationalbibliografie; detaillierte bibliografische Daten sind im Internet über <http://dnb.d-nb.de> abrufbar.

ISBN 978-3-7308-2216-6

Inhold

Vorwort

De Autor van ditt Book is in Zetel, Kreis Frieland, upwussen. Na't Abitur hett he twee Jahr Landwirtschaft lehrt un dann in Gießen, Göttingen un Kiel studeert. Dat weer ok en Studium in Ökologie. Achteran wurd he in den högeren Deenst bi de Landwirtschaftkammer Jever, Friedeburg un Oldenburg insett un hett denn naderhand in Ungarn, Mongolei un Argentinien deent. Sien Ribett weer Ökologie un wat Ökonomie in de Hasenweide, an de Bäk, dat Neetborger Holt un in n Tuun.

1. Wo lett sik Ökologie begripen?

„Ökologie is de Wetenschup van den Hushold in de Natur.“

(Heckel, 1870).

Mit Hushold is meent, wo de Energie van de Sünn in us lebendig Werld kummt un van de grönen Planten umsett ward in Sucker, Holt, Fett, Eiwitt un all dat, wor wi un all dat anner, wat leven deit, van teert.

Vörweg:

uppasst, wat vörweg to de Orthografie to seggen is, un wat ander Schrievers faken anders schrieven doet:

Wo, Wor un Wat (auch Wo Waar un Watt)
= hoogdütsch (HD)= Wie, Wo und Was

Do, Dor un Dat (auch Do, Daar un Datt)
= hoogdütsch (ND) = zu der Zeit (dann), Dort und Das

So lett sik dat wiesen

Ökologie an Land
Ökologie up un in Sötwater
Ökologie up un in de See

Bakterien
Planten
Deerten

Umwerld is all dat, wat üm us to is, un all dat, wor dat Leven van afhangt.

KIEK IN DEN KLAREN HIMMEL BI NACHT, WENN DE MAND SCHIENT

De Mand is hellerlecht, man dor brennt nix. Mandlecht is en Spegel van de Sünn. Dor is nien Gas as up de Eerd un ok nien Bladgrön. So kummt dat, dat up den Mand nix leven kann. Mit veel Gewalt is de Minsch up de Eerd inne Gang, ok hier dat Land wöst to maken. Man dat will he gornich. Dat Bild 1 wiest, wo man sik sülvst un all de Grund ünner de Fööt wöst maken kann. Dor kann ok de froe Vagel kien Würms mehr to faten kriegen un dat Planten und Plegen hett up dissen Gruus en End funden (Kunstrasen för Football). Wat för en Werld achterlaat wi us Kinner? Wi willt doch, dat de´t beter hefft as wi, un wi makt twei, wor de van leven schölt. Eten un Drinken lett sik up Gruus un Kunstgras ne goot winnen.

2. Minsch un Ökologie

Hebbt wi den besten Bree al up?
Vör Jahren hett SCHELLNHUBER al seggt:
„Wir fahren den Planeten gerade gegen die Wand“ un NWZ 8.8.2016: „Ließen alle es sich so gut gehen wie die Deutschen, wären es sogar 3,1 Erden“ (deren Ertrag verbraucht würden)... De Dag, wenn wi all verteert hefft, wat die Natur us gifft, de kummt van Johr to Johr eter. 2000 weer et de 1. Oktober, 2015 de 13. August un 2022 weer dat al de 28. Juli.

2.1 Woveel Minschen kunn de Werld bören?

So veele Minschen börde de Werld van dat Jahr Null of an.

Anno Null taxeert man tweehundertföftig Millionen Minschen up de Werld. Anno 1500 kunnen dat fiefhundert Millionen ween hebben.
Anno 1804 een Milliarde – in dreehundert Jahren dubbelt.
Anno 1950 tweeunhalv Milliarden
Anno 2011 seven Milliarden
In'n November 2022 levden al acht Milliarden Minschen up de Welt.

2060, wenn min jüngstet Enkelkind föftig Jahr old ward, schullen rund tein Milliarden up de Werld leven. Wenn ik dat bedenk, is mi al klötrig tomood.

Dat Leven van een Minsch is en goot Bispill för Ökologie. Dat fangt an mit twee Zellen, de nüms mit´t blodc Ogen seen kann. De kamt sik tomöt, smült´to een tosam un foors fangt de nee Minsch to wassen an, verteert dat över´t Blood leverde Eiwitt, Fett un Köhlenhydrat, wor denn, negen Maande geit dat so, dat nee Leven groit. Denn kummt de Minsch in de Werld un leevt sien Leven, starvt un ward wedder dat, wor he van wussen is:
Eerd to Eerd un Stoff to Stoff. Ok de lesten Molekülen fallt trügge in ehre Elementen, nüms weet, wennehr. Un dat, wat du ne faten kannst, well weet dat? Dor kann dat Glöven helpen. Wenn man fragt, wo veele Minschen up de Eerd leven kunnen, ward dit un dat antert. De een seggt tein, de anner twölf Milliarden. De willtaten, eten, drinken un ok anners goot leven. Süht man dat Elend, dat vandaag al up de Werld is, fragt man sik, geit dat? Överall ward Water, Holt un anner Energie to´n Böten un, ja, ok Ackerland, knapp.

2.2 Hett de Minsch enen Updrag in de Werld?

Kundig ward man bi MOSES in de Bibel
In´t 1. Book, Kap. 2, Vers 15. (Weer dat anno 1.230 a.C., so rundweg 3.250 vör vandaag?).

Dor heet dat :
„GOTT settde den Minsch in den Tuun*, den to boen un to bewahren!“ Boen un bewahren kann man verstaan as ackern, seien, plegen un arnten.

Wenn dat för de Kinner un Enkelkinner ok so bliven schall, so möt de Tuun up de Duur in Reeg bliven. Bloots so kann man ok in de Tokumst noog arnten för all de Minschen un Deerten.

Wullt du up Duur planten un seien un seien könen, denn möt de Grund geil noog bliven, möt goot verdeelt Water, Stickstoff, Phosphat, Kalk un Kali un all de annern Elementen hebben un vull Leven wesen.
Un de Minsch schull dor ok up kieken, dat dat för sin Kinner un Enkelkinner un all de, de achteran kamt, so blifft. Elk een will dat Best för de Kinner........un wat makt he?

Bewahren is dat Woord.

Well bewahren deiht, de dröff un kann ok BOEN (ackern) un BRÜKEN (arnten). Un dat möt denn up de Duur so bliven. „Nachhaltig“ (D) heet in anner Spraken: „up Duur“ (ND) , „sustainable“ (UK), „vedvarende“ (DK), „ ihallande“ (S), duurzaam“ (NL), „langvinnur“ (ISL), „tartós“ (H)“, „dlugotrwaly“(Pl), „assiduus“(L).

De Ewigkeit fangt ne an un hört ne up. Wennehr hett dat anfungen? Wat weer vör den Anfang? Weer do ok al Tid? Tid geiht so gau hen, dat du de ne faten kannst.
Man seggt „im Nu‘. Un een. En achter dat anner Nu, so strikkt de Tid hen. En Nu is dat lüttjeste End Tid, dat du ne mehr delen kannst; un de Ewigkeit steiht an dat End van de Tid, wor de Nus denn so wieter lopen doet, just so, as dat vör den Anfang ween is. Man is dat wiss de Wahrheit?

* Tuun= Garten

Dat „Paradies“ is de Naam van den „Garden Eden“ in dat Olde Testament. „Paradies“ kummt ut Persien un meent Tuun, also dat „Land achtern Tuun“.
De Garden kann bloot bestahn, wenn de in Reeg blifft un sik dor de Minschen vör insetten un knujen* un kojern* un em wahren doet. Up Plattdütsch meent Garden un Tuun dat sülvige. Wat heet dat? Seien, Plegen, Unkruut utrieten (weden) un arnten möt man, wenn man Eten un Drinken winnen will, un wenn ok Kei, Swinen un Höhner groien willt för Eier, Melk, Speck, Fleesch, Lien, Neddel un Wull för Haarsöckels, för Jacken un Büxen. Wo schall all dat gahen, wenn de Grund toplastert of utdröögt ward?

Nu lett sik fragen: hefft de Minschen över de 3.246 Jahr daan, wat na de Bibel to doen weer? Is de Minsch klook?
Kiekt wi up dat, wat in all de Jahren passeert is. Man möt weten, dat Christendom un Islam meerst dat sülvige lehrt, as Moses dat upschreven hett. Naturreligionen seggt dat ok woll so: „NEHM NE MEHR AS DU BRÜKEN DEIST UN BEWAHR DE NATUR UP DUUR !“ man:
Is de Minsch klook wurden?

Un wat deit de Minschen?

„Wat schall dat denn?“ so ward denn ok woll fraagt: De Wetenskup groit un groit un dat Wassdom nimmt nien End. Man ok dat Verneelen van Water, Luft un Grund nimmt nien End. Dat kummt dor up an, wat eder an sien End kamen deit, wor´t ne wieter geit. Un so schall denn Oldenborg noch´n paar mehr Footballfelder mit Kunstrasen krigen.
Spelen up Plastik an Stede van lebendigt Grön. Dor ward ok överleggt, dat Footballfeld to böten. Un dat in en Stadt, wor´t en HOOGE SCHOOL (Uni) gifft. Well kann up sowat kamen?

In de moderne Tied van vandaag is allens wiethen updeelt. All kummt van allöverall. Eier kamt ut Holland, Polen un well weet worher, Melk ut Bayern, Skandinavien, Holland un well weet worher, Fleesch un Speck ut Südoldenborg geit na Japan un well weet worhen. Un de Chinesen köpt de Poetjes van hier, de weren bi us in min Kinnertied in de Arfkensopp dat Allerbest.

*knujen, kojern= schwer arbeiten

Fleesch föhrt dör de heele Werld na Dütschland un geit van Dütschland in de heele Werld. Wull in de Nutied kummt ut Australien, Neeseeland un Mongolee. Man Jacken un Büxen makt man vandaag in China, Bangladesh un Myanmar, hier un dor faken grotendeels ut Plastik, un dat is makt ut Ölje un Köhl un denn för man even un all 1,50 bit 2,00 Euro Lohn (för en Dag neien, so steiht´t in SPIEGEL Nr.10, 2019).

Wi brükt vandaag Elementen, de us Öllern ne kennt hefft. Un de kamt ut de heele Werld. Bispill is LITHIUM un COLTHAN. Bün ik so wiet kamen, denk ik an Leonardo da Vinci (findst du an´t End van dit Book.)

Un in Ollenborch?

En Waterpool in de Stadt. Mi fallt up, dat de sömmerdaags man bloots noch knapp Water hett un bald allerwegens Sliek un Vörjahrsloov to seen is. In´t Umweltamt vertellt se mi: „dat schall so wesen, dat is Sukzession, de Avloop van de Natur in en Waterpool. Wenn´t Water verswinnen deit, kummt Sliek, denn kamt Gras un Böhm un denn fastet Land.“ Man vandaag brükt wi Spieker för Regen, un denn möt wi dor wat an doon, dat de ok in de Tokumst Spieker för Regen wesen kann. Also möt´wi de Sukzession ümdreien, „SUKZESSIONSUMKEHR“. Beter weer, man nömde dat „Water-Progression“. Dat bedütt: Sliek herut ut den Diek un deper dat Water, dat dor Musseln in leven könt (elk Mussel makt bit 40 l/d klar Water), Fisch un Kohsteertjes, de Müggen verteert un Waterkêver (t.B. Geelrand un Waterimmen), de goot un lecker sünd för Fladdermüüs.

Perdedränk in´t Eversten Holt

Bild: Günter Brüning

Siet Jahren willt de Börger van de Stadt, dat de Sliek utbaggert ward, best to maken in en drögen Sömmer. Man passeren deit dr´nix, ok 2019 ne, as de Dränk tunderdröög weer un stuven, man ne dampen dee.

HÜÜS AVRIETEN, DRÖFF MAN DAT ?

Help di süvst, dat weer dat Överleggen, as dat Naberhus to övernehmen weer. So licht gung dat ne, dor weer en Investor achter, de dat avrieten un denn de Grund vullplastern wullt? De Makler hett den Pries ok hoogbetert.
Man denn hefft dat anner Lüde henkregen, dat dat ne avrêten wurd. So keem dor kien namakden Dessauer Kubus mit vullplasterde Grund un Garagen hen man dat olde Hus bleeu stahn.

Na Fieravend un in de Freetied wurd wittjet un kalfatert, Spieker in´t Holt haut, Deelen glatt makt un Water un Strom nee leggt. As dat 1980 halverhand fertig weer, trucken dor Schölers un Studenten, Referendare, Arbeiter, Theaterlüde un ok Richters in. Dor wurd ok över fievundartig Jahr lang INCLUSION makt, fievundartig Jahr vör de Tied, as dat een en Programm in't heel Land wurd. Denn wurd dat Wark an de Kinner övergeven. De hefft dat Hus ok ne avrieten hatt, man energetisch up de nee Wies ümklamüsert. So hett man veele Tunnen CO2 minder emitteert un överher is noch´n Biotop inmidden van de Binnenstadt mit verscheden Kohsteertjes, Padden un Poggen, Appels, Beeren, Hasel- u. Walnöt, Poggenstöhl, Mossimmennester, Farn, Moss un levendet Moor, Bottervagels, Katteker, Swinêgel, Heister, Markwart, Kortjan un en paar levende Hoogmooren spikert ok noch CO2 un in't Tuun steit en Balkonkasten mit en lüttjet wöst, dröög Land in´n Balkonkasten up suder Sied mit dor woll wassen Planten, lüttjet Miegölkenvolk, un alleen levende Immen un Wepsen. Pleeg ne nödig. Af un to Regen, ok in´n drögen Sömmer, langt. CO2 ? „Een lütt Paradies!“

Dat Hus van 1880 weer mit Schill ut´n Jadebusen un Stenen van Oldenborger Dwo upsett, de Schappen kemen ut Oldenborger Dischereen. Dat hett ok CO2 avgeven, man dor wurd lang ne so veel utpuust as wenn´t nu avrêten un neeboet wurd, un de Grund toplastert un de Natur, dat Grön un de Deerten, achter un ünner Schottergitterkastens un Plaster verswunden weeren.

Wo veel CO_2 wurd up disse Wies spart, dat wat nu ne in de See den Kalk verteert un in de Luft mehr Water un Warmte pusten deit? Boen un avrieten un nee boen, dat is vandaag normal, man hier hett man et laten.

Besünners sparsam is´t denn, wenn dat dicht an bi de Arbeit investeert ward un man över de Tiet van en Arbeitsleven lang dat Auto ne in Gang smiten mött. Dat kann man denn al mit ´t Pettmansülven of tofoot afstrampeln. Wenn man dat denn ok noch so henkriegen deit, dat de Frue ehr Arbeit 150 m un de Grundschool 175 m van Tohus weg is, denn lett sik woll prahlen.
Wo veele Tunnen CO_2 kööt dat woll wesen, vergleken mit de, de 20 km van de Arbeit weg wahnden? Un de Pries? Kollegen hefft sik höögt un achtern Rügg fragt: wat dat woll schull. Hefft de Kinner mal Mamas Taxi brükt? Dor geev dat nix.

De Wettstriet

Je mehr de Handel sik konzentreert, desto wieter is de Pad för´t Inköpen. Well üm den Drei ne kriegen kann, wat he brükt, föhrt mit´n Wagen na den Megamarkt of Center, de an dichtesten bi is. De groten Parkkämpe rund um de Centers sünd Tügen för den Autoverkehr, de dor hen streevt. De Versandhandel kummt dor nu mit Macht to un lett moij gröten. So rundweg 5 bit 10 x kamt elk Dag Lastwagens, de wat in us Straat bringen doet. Wenn denn de Affallbedrief Papier un den annern Müll avholt, denn mött man sik wunnern, wat de Lüde sik so all köpen un bringen laat.
De Markt, dat Geld, de Gier frett dat Land, de Natur un de Minschen. De „Urbanität“ frett. In twee Generationen sünd ne bloots de Familien, man ok veel Acker- un Grönland verswunden. Van de in 1949 noch 2.725.775 ha LN sünd 148.758 ha upfreten, un dat, bi all dat Kultiveren van Moor un Leegland in de 60 Jahren langs dat Eemsland un ümto.

Jahr	**1949**	**1979**	**2010**
Buereen / landw. Betriebe	300.930	129.981	41.730
Brükde Flaag / landw. Nutzfläche	2.725.775	2.749.649	2.577.017
Flaag in Snitt / Fläche im Durchschnitt	9	21	53

Quelle: Landwirtschaftskammer Niedersachsen.

Lüttje Bueree (Brinkstede) up de Geest in Bohlenberge ward afbraken. Dat Bild heff ik üm 1980 knipst.

Man fragt sik, wat dor an´t End woll för en Binnenstadt bi herutsuurt. Un denn gifft et noch den Handel mit Plünnen. Jüst stund in den SPIEGEL, dat ok grote dütsche Handelshüüs Plünnen in Myanmar maken laat, wor de Froenslüde för een Dag Weven un Neien 1,50 Euro kriegt. De armen Lüde sorgt also dorför, dat hier de Geldbüdels noch gauer full kamt.

2.3 Bueren as Ökologen verdreven

Se trett ut de Dör in´t Morgenrot, geit an dat Keesboord un nimmt den Melkemmer af. Mit den Vagelsang, den Morgenwind un den Röök van Wischen un Garden weet se al, wo´t Weer över Dag ward. „Vandaag könt wi Diesseln hacken, schall woll goot blieven.“ He kummt van de Perdeweide mit de twee för dat Spannwark, wor he mit in de Hackfrucht will: „vandaag schall dat Weer woll holden. Man morgen. Dat Ehepaar versteit temmlig goot, wo Natur löppt. Kunn man de twee, de weet´t, wo de Hushold van de Natur geit, Ökologen nömen? Wenn ja, denn weren dat up elk een Bueree twee Ökologen, wenn man den Snitt reken deit. Seker nien van de Wetenschup, man van de Praxis, ut dat Leven.

De beschreven Szene gifft et ne mehr. Maschinen makt dat Wark vandaag. In´t Weer kikkt vandagen de Meteorologen. So rekent sünd binnen twee Generationen van 1949 bit 2010 in Neddersassen över 500.000 „Ökologen“ verswunden. 1949 geev et dor rund 300.930 Buereen, 60 Jahr later noch 41.730. Wat se achterlaten

hefft, sünd ok Bilder so as de hier, un dat Bild ut Norwegen wiest us, dat dat allöverall in Europa övereen is.
Daniel FUHRHOP schrifft, dat wi in Dütschland ne to minn Hüs hefft, man to veel. Jüst so as vör 20 Jahr leevt in Dütschland nu rundweg 80 Millionen Minschen in 40 Millionen Wohnungen. Mit 177 Millionen Stuven. Alljahrs weerdt in Düttschland över 200.000 Wohnungen nee boet.
Un all tohoop blifft de Tall van de Minschen in Dütschland so. Un wat ward all so schreven un wat ward anners vertellt?

Wat hett Hüs afrieten mit Ökologie to doen?

Help di sülvst, dat weer´t, as dat Naberhus verköfft un denn afrêten weern schull. Man dat hett man so henkrêgen, dat de Verkoop ne tostand keem un de Hundehütt staan bleev.

Van dat Water

Up de heele Werld drögt wi dat Land ut. Ok wor dat Water ne versickern, man afstrieken deit, dör Plastikpiepen suust, dor ward dat Land utdrögt un de deepe Grundwaterspegel sackt un sackt.. Paradox is, dat je mehr de Sünn schient, desto mehr Regen kummt dal. In de Agrartechnik nömt man dat „IRRIGATION", Kunstregen, mehrstendeels ut de Grund pumpt. Dat geit up de hele Werld so, ne bloots in de wöste Negev, man besünners in USA un Suder Amerika. Un so jagt wi vandaag de Arnten höger un höger up un dor ward ne nafraagt, of dat in de Tokumst jümmers so wieter geit. Un över dat, wat in´t Water smeten ward, ward ok ne so spraken, as dat nödig weer. Un bi mi stellt sik dat Överleggen in: wor blifft dat Water, dat in de Atmosphäre stiggt, de mit de Tiet ok warmer un warmer ward? Wennehr ward dat hier över de Nordsee so warm, dat de Küselstorms dat grote Verneelen anfangen könt, so as dat in SO Asien un Middelamerika nu al is?

Spökenkieken

WEET*, en Bispill för en Plantenleven

De Weet leevt, so as all gröne Planten, van Köhlensüre, Water, Mineralien un Sünn. De Sünn schient, un de Weet groit. De Energie van den Sünnschien ward mit dat CHLOROPHYLL (de gröne

Farv) in chemische Energie ümsett, wor denn de Stärke van ward. Wenn de Plant riep is, denn kann man dat Wetenkorn arnten, döschen, mahlen un Brot van backen. Dat Korn kann man lange Tied wahren. Dat blifft lebendig un man kann´t nee utseien. Dat geit denn van vörn los. Hefft wi en Stück Brot êten, denn is dat so, as harrn wi Sünnschien in´t Liev krêgen, ümsettden Sünnschien. Ik nöm min MÜSLI nu DICKLECHT.
De Formel för de Assimilation van Köhlensüre un Water mit Hülp van dat Bladgrön un Lecht is 6 CO_2 + 6 H_2O + Lecht gifft $C_6H_{12}O_6$ (Sucker) un 6 O_2 (Suerstoff), also ut Gas (Köhlensüre) un Energie (Sünnlicht) ward mit Hülp van dat Blattgrön Glukose (Sucker). De Suerstoff is dor Avfall bi. Man dor leevt allens van.

*Weet= Weizen

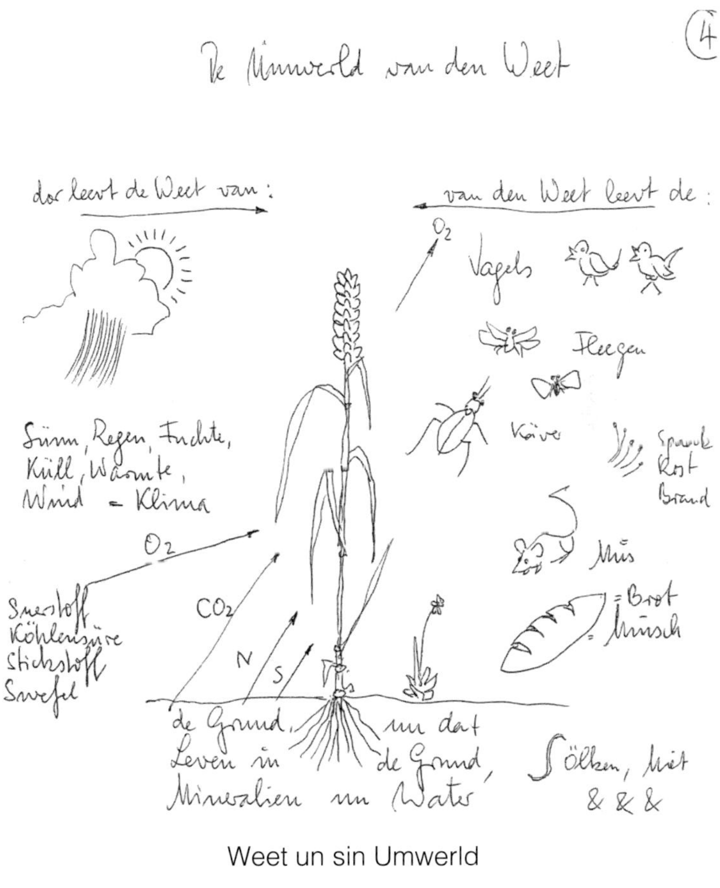

Weet un sin Umwerld

3. Planteneter

To de Sellskup van Leven (Biozönose) hört Planten, Plantenfrêter (Herbivoren), Deertenfrêter (Carnivoren) un all de, de Liken un den Rest vertêrt (Destruenten = Aar, Wulf, Swamm, Pillendreier usw.). Minsch, Baar, Swien vertêrt allens. De nömt man Omnivoren. In elk Biotop hört up Duur allens to, wat to de Biozönose to rêken is un sik sülvst in Gang holen deit. Plantenfrêter hefft en langen Darm mit en Wunnerwark van Mikroben, de dat upfrêten Goot in Eiwitt, Fett, Knaken (Been) ümsetten doet. Dor hangt de Fleeschfrêter up de Duur van af. Bloots mit nix as Gröntügs geit dat up Duur ne. Ok de Allensfrêter Grizzly (Omnivor) schull woll versmachten in sin Winterslaap, wenn de Lassen (salmo) harvstdaags utbleven sünd. Wenn Deerten krank of doot bleven sünd, möt se in lüttje Stücken reten un frêten in de Natur trügge un ümsett weeren.

Haas un sin Umwerld

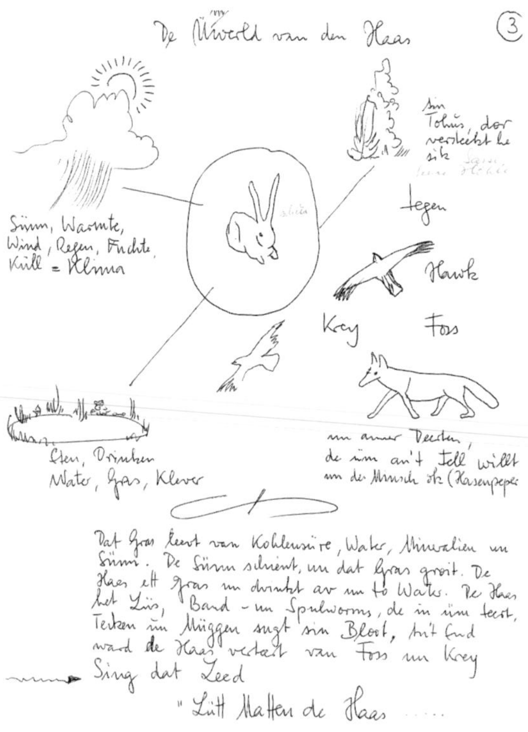

Leedtext: Lütt Matten de Haas (Klaus Groth, Mecklenburger Platt

Mit Oldenborger Platt angleken un en naschreven anner End Strophen 5, 6 un 7:

1
Lütt Matten, de Has´,
de maak sick een Spaß
he weer bi´t Studeern
dat Dansen to lehrn
un dans ganz alleen
up de achtersten Been.
2
Keem Reinke de Voss
un dach: dat´s een Kost!
Un seggt:"Lüttje Matten,
so flink op de Padden?
Un danzst hier alleen
op dien achterste Been?
3
Kumm laat uns tosam!
Ik kann as de Daam!
De Kreih, de speelt Fidel,
denn geiht dat kandidel,
denn geiht dat man scheun
op de achtersten Been!
4
Lütt Matten geev Poot
de Voss beet em doot
Un sett sick in´n Schatten,
verspiest de lütt Matten.
De Kreih, de kreeg een
vun de achtersten Been

so hett Klaus Groot dat schreven - Man vandaag leevt veele gode Minschen,
de dat ne afkönt un mild denken doet

Nu kummt en annern Text

5
Lütt Matten faat Moot
Sloog den Foss mit´n Foot
Un sloog em in den Nacken
Do harr he wat to knacken
Un floog rüggels in´n Sloot
Soop af un weer doot.
6
Lütt Matten jumpt hoog
Un de Krei gau weg floog.
Do kemen all de Hasen
Up den sattgrönen Rasen
Un se dansden vergnöögt,
Un all düchtig sik höögt.

Un se sungen een
sevente Strophe
7
De Foss is nu doot,
He versoop in den Sloot.
Wenn he Müüs sik harr fungen,
Denn leeg he nu ne dwungen
Un em gung et woll goot
Un leeg ne doot in´n Sloot

Woordverklaren
faat Moot - fasste Mut
Sloot = Graben
rüggels = rücklings
Jumpt = springt
dwungen = be-, gezwungen
sik högen = sich freuen

4. Fleescheter

Wenn Katt un Hund ehr Tênen wiest, denn süht man foors, wor de för scharp sünd: Deerten doot bieten un dat Fleesch, ok van Aas, in lüttje Stücken rieten. De Darm is korter as van Plantenfrêter, wiel dat Foder al allens för´t Leven un Ümsetten praat hett. Dor möt de ne erst en groten Ümstand üm maken, so as de Kei mit ehr Närkauen. To elk Biotop hört de Biozönose, wor en van den annern leven deit- wor en den annern frett -
Wenn in Tees (Ost Canada) en Koh of Schaap dootbleven weer, keem´t up den „Bonehill“.
De Koyoten sleeken dor dree, veer Daag ümto, eder se dat Freten anfungen. (Afhangen so as ´n good Steak).

5. De Wulf un sin Umwerld

Kunn de Wulf Vegetarier of Veganer wesen?
Dat kunn he ne. He spélt sin Rull in de Natur un möt Deerten, de krank of doot sünd, fréten, dat dor nix van överblifft. Jüst so is dat mit de annern Deerten, de enen korten Darm un scharpe Ténen hefft. Fleesch van al dode Deerten frétt´ he noch lever, dor möt he ne achteran jagen. De sünd al „afhungen" (rigor mortis ex) un smeckt em beter, un dor möt he nien Energie för de Jagd verbruken. Den Wulf sin Darm is +-3 Mal so lang as sin Liv.
Van dat Schaap is de Darm meerst dubbelt so lang as van den Wulf. De Wulf brükt fertig Eiwitt. In den Darm van Schaap un anner Närkauers möt´t Mikroben dat ut de Aminosüren van de Planten tohoopsetten. So kummt dat, dat de Darm dor so lang is.

Na Grimms Märken. De Wulf frett gierig Fleesch
Koser-Michaels pinx. Quelle Abb. ?

6. Miegölken, Termiten un Immen

Ok in Dütschland gifft dat veel Arten van Deerten, de tohoop in „Staaten“ leevt: Immen, Hörntjes, Wepsen un Miegölken. De Staaten van Wepsen un Hörntjes bestaet bloots een Jahr. Man de van Immen, Miegölken un Termiten könnt veele Jahren old weerden. In ehr Boewark gifft et de Königin, dat is de Superbaas. De hett nix anners to doen as Eier to leggen. De weerdt denn van de Arbeiters utbrött un groottrucken un leevt ehr Rull, för de se uptrucken sünd. Arbeiter/innen, Soldaten un Pleger .
Alljahrs kamt sömmerdaags en Swarm van dusende Flugmiegölken herut, de mit ehr Flitjen hoog in den Himmel streevt, wor He un Se Hochtiet fieren doet. Denn hefft Swalken un Möven hoog in de Luft Andeel an de Hochtied mit goot un satt Frêten.Wenn dat daan is, kamt de trügge up de Grund. He starvt foors. Man se bitt sik de Flitjen av, graavt sik en Kuhl in de Grund of in Holt, leggt Eier un fangt so mit en nee Volk an.
De en Art Miegölken leevt van Deerten, van Fleesch un Fêtt, de anner van Poggenstöhl, de se sülvst ünner de Grund in êhr „Groihus“ (Gewächshus“) kultiveert. De Termiten sünd meerstendeels „Veganer“. Immen winnt winterdaags de Warmte van den Sömmer trügge, de as Nektar in den Spieker taagt is un in de Waben to Hönnig makt wurd. Dat is för de Wintertiet, wenn kin Blomen bloit. So hefft se stadig to sugen un et moij warm. Un dat kummt van den Sünnschien, de van de Planten to Sucker makt un in de Bloiten as Nektar för de Immen dor is. Denn gifft dat ok Miegölken, de sik Blattlüüs so holt, as wi Minschen Kei. Blattlüüs kriegt van de Miegölken to freten un levert dor Suckersaft för, de van de Miegölken herutkeddelt ward, so as wi Kei un Schaap melkt. Anners as de Minschen sett Immen, Termiten un Miegölken ok 2015 nien App, Internet, iphone un so Redschup in, un se leevt doch. De leevt ok denn noch, wenn de Minschen sik mit all den Düvel sin Tobehör al lang van de Werld afmakt hefft. Un wat de Minsch denn so an „Innovationen“ utklamüsern deit, of dat all up de Duur för´t Överleven helpen deit? Kunn jo wesen, dat he sik mit all den „Fortschritt“ van sin egen Tokumst avhelpen deit. (Fortschritt kann ok meent wesen as Weggaan)

Man et gifft ok Immen un Wepsen, de alleen bliewt un nien Staat bilden doet. De leggt ehr Eier in Holt of in de Grund un taagt dat Foder för dat Jungvolk in de Höhle, de denn naast tosloten ward. Bi Wepsen, de ehr Eier in Planten leggt, to´n Bispill en Ekenblad, swillt dat Blad, un denn groit een Gall, wor inmidden de Larve sitt un van den Gallensaft teert. Is de Popp riep, denn slippt en Wepse, de gau flügge ward un denn gifft et een neen Törn.
Anner Wepsen leggt ehr Eier in levende Rüüp un anner Deerten so, dat de wieter levt, bit de jungen Wepsen to Poppen utwasst. Dor slippt de nee Generation herut, un dat Spill van´t Leven fangt wedder an.

Ok anner Insekten sünd in „Staaten" organiseert, t.B. Termiten, de mit Immen un Miegölken wieter nix to doen hebbt. Dat Bild wiest en stabilen un bannig groten Termitenbült, de för lange Tied full van Leven bliwen kann.
Man seggt, dat de en un anner al existeerde, as de Cheops-Pyramide upsett wurd. Wo dat angahn kann? De Deerten sünd Dag för Dag bi ehr Wark: müren, kliestern, plastern, fegen, un dat denn över lange Tieden. Dat kennt de Minsch so ne.
He dee dat woll ok geern, man de Nabers laat´ dat up de Duur ne to. Dor findt sik jümmers en, de jüst dat hebben will, wat de anner al hett. Un so ward ok in Oldenborg mennig en fastmüert Hus, dat man jüst even un all 50 Jahr old is (s.o.), avbraken un dor kummt denn wat Nees hen. Schull dat so wackelig boet weeren, dat dat ok man bestenfalls 50 Jahr holden kann? Of schull man dor 50 Jahr lang wat an doen, denn kunn´t ja öller weren.

Links: Miegölkenriek bi Lönneberga
Rechts: Termitenstaat in Südwest Afrika
Achter dat Farmhus.
Min Hood hangt 175 cm hoog.
Bilder: Günter Brüning

7. Poggenstool Swam / Bakterien

Poggenstöhl sünd kin Planten of Deerten. Se hefft kin Blattgrön, könt keen Zucker ut Lecht maken. Se leevt in Symbiose of ok as Parasit. Dat grötste levende Wesen up de Werld is en Poggenstool in Oregon, USA. De heet HALLIMASCH, latinsch ARMILLARIA. De groit ok bi us. De is mal PARASIT up levende Planten, mal levt de ok up rotten Holt. Denn nömt man em SAPROPHYT. Faken heff ik de 1956 in GÖTTINGEN in den Kroog "Ammerländer" dicht bi´t Raadhus in en Omelett eten. Lecker!

To de Swammen kann man ok GEST reken. In de Kök ward faken Gest brükt, wenn man Brot- of Kokendeeg gaan laten will. Gest kummt ok an dat Beer, un dor vermehrt de sik düchtig. So ward nee Gest wunnen; de sik bi´t Broen afsett. All Alkohol is so makt! Dor blifft denn ok veel Köhlensüre bi över.

Bakterien kamt ín´t Spill, wenn Suerkohl, Gurken, Snibbelbohnen un Silage, just so, wenn Kees, sure Melk un sure Botter makt ward: Melksürebakterien. De teert van den Sucker. De Melk ward suur un dat Eiwitt stukt sik. Ut Sucker ward Melksüre un ok weer Köhlensüre (CO2), ut dat Eiwitt ward Kees. Dat is Konserveren mit de Kraft van de Natur.

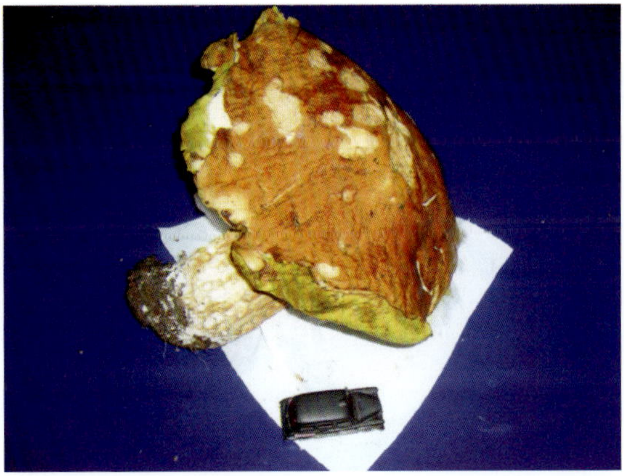

Steinpilz 750 g
2013 Sammelt in de Stadt Oldenborg, Bild Günter Brüning

8. Ökologie in Söt- un Saltwater

Dat Lecht van de Sünn ward in de grönen Planten, ok in Algen in´t Water mit Hülp van dat Chlorophyll – dat makt de gröne Farv – to chemische Energie. Ut in´t Water uplösde Köhlensüre boet dat Chlorophyll Zucker usw. mit in´t Water uplösde Mineralien. Deerten, dat sünd Waterflöh & Co., verteert de lüttjen, meerstendeels grönen Algen. Dor sünd veel anner Deerten scharp up. Wenn sömmerdaags veel Jungfisch in´t Water is, könt de Algenwulken ne gau verteert ween, wieldat de Waterflöh dat leevste Foder för de Jungfisch is. Dat Water ward grön un man seggt: „dat Water bloit". Ökologisch is dat en lepen Tostand.
De Biozönose is ut de Waag.

Dat Meer is ok en eegen Ökosystem. Ökosystem nömt man, wo Biozönose un Biotop tohoop wêêvt.
En Sötwatermeer is in NW-Dütschland dat, wat annerworns See heten deit. Tüskenahner-, Steenhuder-, Engels-, Uphuser-, Bans-, Lengener-, Wieseder-, Brookzeteler-, Swart- un Bullenmeer wiest dat her. Ut de Zuider See wurd na dat Indieken dat Ijsselmeer, also is dat in de Nederlanden just so. Un in´t Jeverland hett man en groot nee utbaggert Water „Wangermeer" nömt. Disse Dööp wiest, dat ok hier af un an noch Lüde to finden sünd, de weet, wo de Hark up´n Steel sitt.

De Wetenschup van Binnenwater nömt man LIMNOLOGIE. Kennteken is dat Sötwater.
Un de Ökologie? So deep dat Lecht van de Sünn in´t Water schient, so deep könt gröne Planten, besünners Algen, Suerstoff un Organ´sch produceren. Dat is de Grundlaag för de velen Deerten, de Algen vertêrt. Dat sünd Daphnien, Waterflöh usw., wor allerhand Deerten van têêrt (Jungfisch, Kohsteertjes, Musseln)
Ökologisk is tüsken Söt- un Saltwaterfisk kien scharpe Schede. Man hett de verscheden benömt, dat man dor beter mit ümgahn kann. Dat gifft allerhand Fisch, de in Söt- un Saltwater leven könt: Aal, Lass, Lassforell, Negenoog, Nöske, Stikelstagg, Stint un Stör, treckt van dat en in dat anner Water, wenn de Tiet kamen is, Eier to leggen: de Aal van Söt na Salt, de annern van Salt na Söt. De Lass, de in de Visbeker Aue up de Werld kamen is, möt na Is- of Grönland.

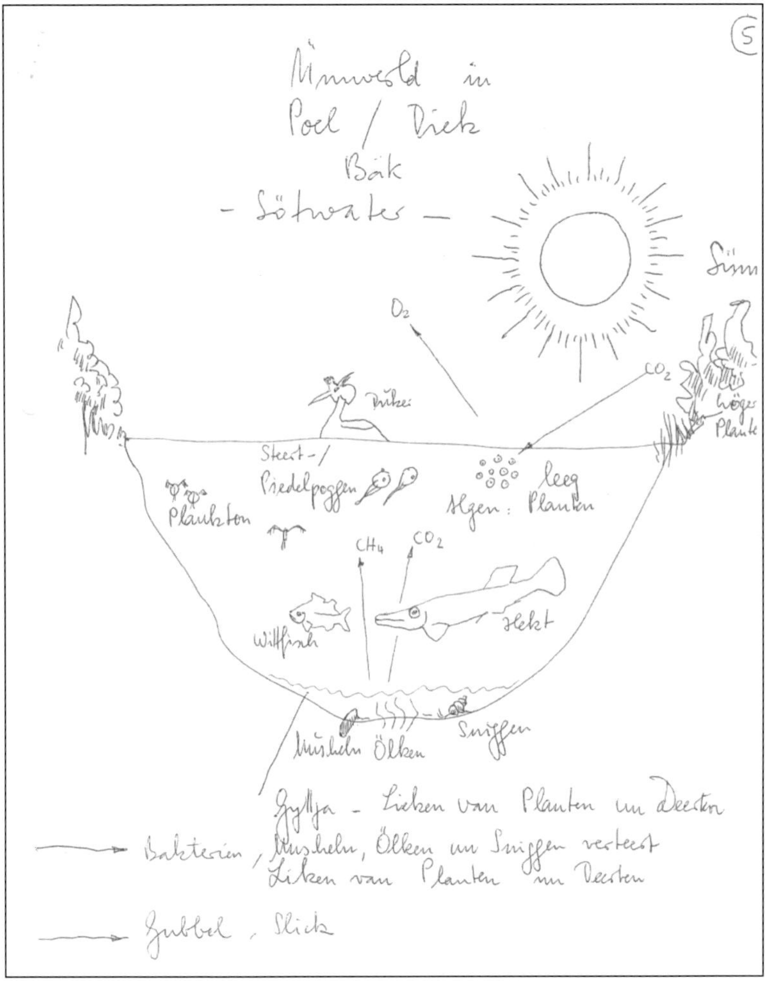

Biozönose = Sellschup van´t Leven in en Pool.

Lass in Hochtiedsfarven (Salmo salar) ut en Beek in´n Landkreis Oldenborg. Dissen hier swumm in´t Jahr 2000 dör Oldenborg hendör. An de Turbinen vörbi dör de Slüüs of över de Stiege an den Osternborger Kanal. Man dat is ne de free Pad, de van de Natur vörsehen is.

Hett de Fisch sik dor groot un stark frêten, swemmt he trügge in de Bäk, wor he ut dat Ei slippt is. De Aal slippt in de Sargasso-See, lett sik na Europa driven (Golfstrom) un swemmt denn bit in de litjesten Bäken, wor he sik vullfrêten kann. Na 10 bit 30 Jahren lett sik de Aal denn in de salten See driven un swemmt trügge na den Golf van Mexiko, wor´t Eierleggen anseggt is.

Ok de Neebörger ut China, de Wullhandkrabbe, mött in de salten See, wenn´t an dat Vermehren geit. To beduren is, dat in Werser, Elv, Hunte un Eems un ok in lüttje Bäken Turbinen insett sünd, de Strom makt. Man mött sik dat vörstellen, dat man dat Ökostrom nömt. Wo kann so en Wark ÖKO heten? Dat is doch en Tegendeel van ÖKO. Dat is Verneelen van Natur. Dat kann jo woll kien „Öko" wesen, wenn de Flögels van de Turbinen de Jungfisch, de in de See willt, to Gruus un Muus hackt?
As de Saale-listied to End gung, is dat smülten Water ünner dat lis van de upschaven un achterlaten Sand- un Moränenwallen na Nordoost avlopen. In de Tied hefft sik de Bäken (subglaciale Schmelzwasserrinnen) so ungefähr dor inkarvt, wor se vandaag noch lopen doet. De Moränenwallen sünd vandaag noch so + - 15 m över NN. An de Grund van de Bäken sünd de mittagden Flinten un Stenen liggen bleven. Dor kunnen Salmoniden ehr Eier in afleggen, un so keem dat, dat bit 1914 / 1918 in veele van de Bäken Lassen un Meerforellen, de en un anner Stör ehren Laich achterlaten kunnen. In de Jade wurd noch na den Krieg en hentigen Stör fungen.
Bäken mit Kiesgrund müssen dat för disse Aart Fisch wesen. De Bäken weren sömmerdaags kölig noog mit all de Ellern, Wicheln un dat Reith an´t Över un mit de depen Kuhlen, wor de Fisk sik winterdaags un ok wenn´t in Sömmer to heet wurd, in den köligen Grund bargen kunnen.
Hier süht man so en Kuhl an en Bäk in Irland, wor sik sömmerdaags de van de See upstegen groten Lassen in den Schadden van´t Över of Strükerwark in köliget Water schulen könt.

9. Müüslüüs & anner Parasiten

All Deerten hefft Parasiten. Ok de Minsch. Us Liev is dat perfekte Rebett för allerhand lebendiget Goot. Nabers, de in un up di leevt. Van us teert Tecken, Müggen, Bandölken, Spulölken, Lüüs, Bazillen, un veel annert. Dat gifft Endo –(Binnen-) un Ekto-(Buten-) parasiten, de buten sitt un dat Blood van buten herut suugt. Ut Amerika kummt en Mitdelen, dat bit to 85 % van de groten Lüde tomindst en Sort van Parasiten in sik hefft. Minschen könt Harbarg van över 100 verscheden Parasiten wesen. Van de lüttjesten Protozoen bit to Bandworms mit en Lêngde van paar Meters. Un een paar an de Deerten, de wi in us hebbt, brukt wi, dat sünd Symbionten.

Noch nie nich geev dat so veel Deerten bi de Minschen in´t Hus as vandaag. Hunden, Katten, Müüs un allerhand arig Goot van de heele Werld. „Gode Minschen" laat sik kranke Deerten andreihen un meent, denn en goot Wark to doen (Import ut well weet worher). Bringt de us denn ok woll Süken mit hierher?

Riemel:
Deel van een Ökosystem/ Gedicht: über den Teil eines Ökosystems

„De Karkenmuus un ehr Luus“ ---- “Die Kirchenmaus und ihre Laus”
„De Sozialismuus un ehr Luus“---- „Die Sozialismaus und ihre Laus“

1. In de Kark en olde Muus
Wahnt dor mit en ölder Luus.
De Luus têrt van de griese Muus,
Nien Leven is´t in Suus un Bruus.

2. De Muus is taje un traineert,
Man süht dat an den dünnen Steert
De Luus, ok taje un traineert -
Bi so en Muus is´t ne verkehrt.

3. Dat is en Paar, de Luus un Muus.
Sünig leevt se in´t Karkenhus.
So lêvt de twee, as dat jüst geit,
Man Speck is in de Kark ne seit.

4. Mit ens, do kummt en twete Muus
Un de bringt mit en enkelt Luus.
So gifft dat nu en moi Paar Müüs
Un mitdes ok foors en Paar Lüüs.

5. Nu sünd dat al twee mager Paar
In den drögen Karkenchor.
De Arbeit hefft de beiden Müüs
Dor lêvt van knapp de beiden Lüüs.

6. Up´t Standesamt strêvt us Paar Müüs.
För´t Bistahn nehmen de ehr Lüüs.
So weren´t mit ens twee Ehepaar,
Wenn man´t bedenkt, is´t wunderbar.

7. Van Kinner wolln de Müüs nix weten
To veel Smacht kunn bloots verdreten.
Man´t Luuspaar bleev ne geern alleen
De wollen geern wat Litjes seen.

8. In elk Muusfell hefft se schêten
Tein verflixte Muusluusnêten.
Bald geev dat tweeuntwintig Lüüs
De sopen Blood van bloots twee Müüs.

9. Wat meenst du, wo lang geit dat goot?
Langt för so veel Lüüs dat Blood?
De Lüüs de makden bald Laway
« Dat langt ne, wi sünd nu al twei“

10 „Un use Psyche is meerst klamm!
Meer Muusblood, so lutt us Programm.
Dat Soziale Net möt drêgen,
De Müüs schölt sik man düchtig rögen.

11. De Kark mött veel meer Brot hergêven
Denn hefft dor ok van Lüüs ehr Sêgen“

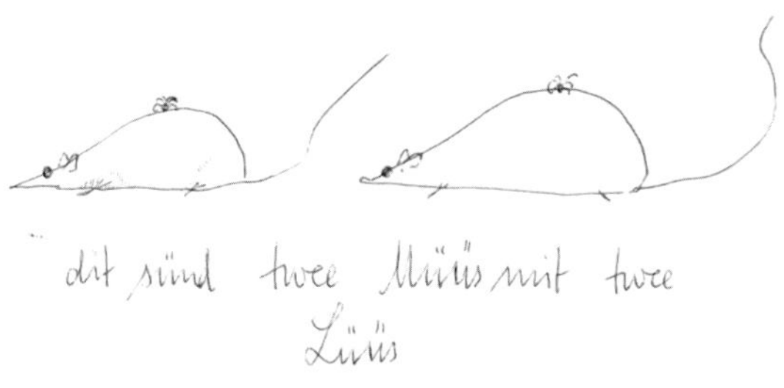

Muus un Luus --Müüs un Lüüs

EKTOPARASITEN van den Minsch un ok van veel Deerten sünd:

*Teck, de in Busch un Wold van´t Gras un leeg Buschwark na Minschenbenen överhangelt
un FSME (Frühsommer-Meningoenzephalitis) un Boreliose inspeen (överdrêgen) könt (Encephalitis usw),
*Koppluus, de över dat Minschenhaar sik utbreden deit und gräsig jöökt,
*Plünnenluus, de över schetterige Plünnen kummt un Ursaak van Fleckfever (Typhus) is,
*Floh, de up Ratten lêêvt un de Pêst överdrêgen deit (kummt ton Bispill in de Mongolee ok...vandaag vör)
*Flegen (Tsetse), de in Afrika de Slaapsük överdrêgt
*Müggen, de Viren, Bakterien un Protozoen instêken könt (Wesselfever), in Freesland nömt man de Sük "de Kolle", de hett in Freesland fröher gräsig huust.
*Wandluus (Wanze); de stinkt, un, wenn de stêkt, denn gräsig jöökt

BINNENPARASITEN van den Minsch sünd:

- Leishmannien, de in Südeuropa, Afrika, Südamerika un Zentralasien Lüde krank makt.
- Trypanosomen , de ok de Slaapsük överdrêgt un dootmaken könt.
- Plasmodien, wor Malaria van kummt (dor hört ok de KOLLE – dat Marschenfever in´t Nord – OldenborgerLand, West- un Ostfreesland (vör 1900) dat weer en Frees'ske Pandemie.
- Bandwürms van Rindveeh un van Fisch, (makt Buukpien)wor man woll tegen an kummt,
- Bandwürms van Swinen, sitt´in Swinfleesch. (in Dütschland kennt man de ne)
- Bandwürms van Hunden, dor blifft af un to ok al mal en Minsch an doot,
- Bandwürms van Föss (Fossbandworm), dor blifft de Minsch meerstendeels an doot. Man wahrschau: de weert ok van Katten un Hunden överdragen.
- Trichinen överdragen van ne goot dörbraden Swinfleesch. (Gifft et in dütsch Swinfleesch al lang ne ne mehr.)
- Madenworm, van unwuschen Gröntügs.de in de Mors jöken deit un ne so krank makt,
- Spulworm, van unwuschen Gröntügs, wor Bukpien van kummt, grêsig, wenn de afgaet.
- Miet in de Huut (Krätze), de van Hand to Hand överkrüppt un ünner de Huut Tunnels frêtt. Dat deit ok gräsig jöken.

De Eerd is en Planet, de sik üm de Sünn un sik sülvst dreit. In dat Jahr 0 levden up dissen Kloot rundweg 188.000.000 Minschen.

links ist eine schematische Zeichnung der Malatiamücke ANOPHELES sp. in Ruhestellung

rechts ist die Ruhestellung der gemeinen Stechmücke schematisiert.

unten
Der Stechvorgang. Eindringen des Rüssels durch die Haut in eine Kapillare (dargestellt an einem stilisierten Muckenkopf)

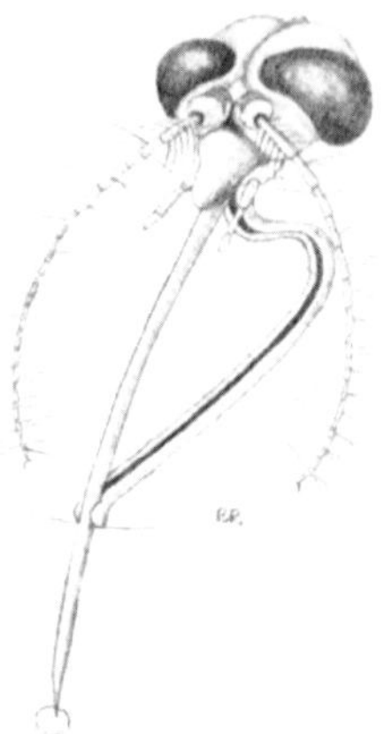

Anopheles und Culex, dat hett de Autor aftekent van WEBER, 1933, Taschenlexikon der Insekten

10. De Böhm wasst ne in den Himmel

1960 weren dat 3.000.000.000 , in dat Jahr 2023 sünd dat al över 8.000.000.000. Van Jahr to Jahr weerdt mehr up de Werld boren as dootblieft. Van Anfang an hefft de Lüde sik denn dat Eten un Drinken dor nahmen, wor se dat kriegen kunnen.

De Angeln, Araber, Burgunder, Goten, Herero, Hunnen, Langobarden, Magyaren, Mongolen, Osmanen, Perser, Phönikier, Römer, Saxen, Slaven, Spanier, Tataren, Tuareg, Wikinger un wo se up all Kontinente heten doet, se gungen ünnerwegens. Wat se makden, nömde man: „LANDNAHME“ för Water, för geile Grund, för Eten, Drinken un lichtfaltig wunnen Energie. Dor hörden ok Sklaven to, de een Dag Arbeet för „een Handvull Haver“ leverden. Dat is ok vandaag de billigste Energie (Textilien ut Myanmar), un so geit dat al van Anfang an. Man van dat Land, dat knapper un knapper wurd, kunn man in heel Europa al lange ne mehr leven. Millionen trucken as Migranten in nee Landen.
Dor kummt denn noch to, dat de Minsch jümmers mehr will, wenn he ok al satt is. Min Moder sede:

DE GIER FRETT DE MINSCHEN UP.

So greep un grippt de Starke dat Land van de Swacken in anner Land. Al vör 2.000 Jahr un mehr strevde man an nee Över, un veele Minschen makden sik up den Padd. Na Afrika, Australien, na Nord- un Südamerika un ok na Europa trucken se hen un her. De Lüde, de dor wahnden, sloog man grotendeels doot, leet de versmachten, an Süken dootbliwen of müssen för Kost un Logie knojern un wuracken.

En Bispill: De Lombardei is Landnahme van de Langobarden, de bi Hamborg leevt hefft. Dat is al över 1.500 Jahr her. Denn flösterden de 490 na Österrik, 500 tüsken Theiss un Donau, 546 na Pannonien (de Magyaren weren noch ne dor), 568 na Italien, later harren se en egen Königrik, dat van Otto d. Gr. an sien Riek ansloten wurd. Man möt sik ne wundern, wenn man in Mailand Italiener süht, de so utseet, as kemen se van Bardowiek, Bardenfleth of Oldenborg. Un de Wisigoten sünd van´t Swarte Meer un langs den Don över Rom trucken un hefft van 411 bit 711 in Toulouse un Toledo 33 Könige in een Reeg hatt.

Sterbender Urwaldriese gestorbener Urwaldriese
Dreheiche im NSG Neuenburger Urwald

Un dor, wenn mi nix drüggt, hefft de Araber den lesten König Roderich bedwungen. So kemen se ünner de Fööt un sünd siether verswunden. Man de span´ske Vörnam Rodrigo is noch ´n Spier Tüüg van disse Historie, de in´t dridde Jahrdusend na vandaag herschinen deit.

Is dat an´t End ne ok en ökologsk Vörgang ?

11. Geile Grund*

Över 160 Jahr is dat her, dat Justus von Liebig mit de Agrikulturchemie den Grund leggt hett för mehr Arnten van den Acker un dat Grönland. HABER un BOSCH kemen mit Kunst-N achteran. So wurden mehr Lüde satt, un dat rund üm den Kloot. Dor keem denn hento, dat an de Waterkant un in´t Binnenland Land wunnen wurd, dat de Bäken liektrukken wurden un de Regendrüpp, de vandaag up dat Land fallt, morgen al in de See is. Överall in de Werld ward dat Grundwater hoogpumpt, ok för den Kunstregen up de Ackers. Man kann seggen:
je mehr Sünnschien, desto mehr Regen = Regenparadoxon. De Waterspegel sackt deper in de Grund un stiggt in de See, ok van dat Afsmülten van de Jökels.
Olje, Gas, Törf, Holt un Köhl weerdt to Energie, Lucht, Stahl, Plastik, Backstenen un Warmte makt un to Kaken brükt. Dat Törfmoor, drögt makt, „verteert“ sik un kummt as CO_2 in de Atmosphäre un in de See. Nu sünd al > 8 Milliarden van de Tweebenen up den Kloot. Un de sünd stadig ünnerwegens. In den Snit kunn elk en Minsch up de Eerd veerdusend sevenhundert kg CO_2 in´t Jahr avgeven, buten dat dat Klima övergroit.

Man de Dütschen brükt veer Mal so veel, rund 11 t CO_2, veel mehr, as us de Natur levern kann. De US-Amerikaner sünd noch n´Bült leper (14 t elk een un katar 37 t).
Wat hulp? Up de Duur ne mehr för Plaseer flegen, Plaseertouren bloot noch mit PETTMANSÜLVEN unnerwegens u.s.w.,dat mugg helpen, dat Wark weer in de Wacht to kriegen. Man eder wi dor sünd, ward dat, so bangt mi, noch temmlig klöterig un ok woll blöderig. (Dat is´t al).

Ik sülvst föhr 3000 km mit ´n Dieselauto, för elk km sind dat rundweg 150 g, also alleen för min Wagen 4.5 t CO_2. Ik heff mi reinewegs verjagt, as ik mi dat klar makt heff. Wi weet nu, dat Elektroautos helpen kunnen. Den Strom daför schullen wi ne ut Ölje, Köhl of Gas halen, man ut Wind un Sünn. Anners weer nix wunnen.

*Geile Grund= Fruchtbare Erde

1976 geev´t 170.000.000 Minschen, de stadig smachtig weren. Düchtig wurd prahlt, dat man dat winnen kunn. Vandaag sünd över 800.000.000 stadig smachtig, un et ward prahlt, dat wi dat dwingen kunnen. Mi bangt: „dor ward nix van." Harr Liebig dat Wark ne utbrött, weer denn de Werld minner klöterig un ne so överfull? 100 Millionen Minschen loopt van to Hus weg. Veel Lüde sett 150 PS in Gang, wenn se een halve Stieg Eier köpen willt. 3 km hen un 2 km her un du puust = 1 kg CO_2-mehr in de Luft as to Foot of mit Pettmansülven.

Kunnen wi för us in Dütschland satt Eten un Drinken winnen?

Wi hefft in Neddersassen bloots noch 41.730 Buereen (2010). De Flaag, wor wat to Êten un Drinken groien kann, smült´t weg, ward toplastert, ward to Water (Baggerkuhlen un wöst Land), un wat dat anners noch all gifft. Un doch harren wi satt to êten un drinken. So as in Neddersassen is dat in de heele Republik. Dat Land ward minder, man dat, wat us de Agrar-Wetenschup, Biologie un Ökotrophologie nee tokummt, helpt us över den Slagboom. Man „Nien Boom wasst in den Himmel", dat sitt. De Scheede, van wor of an dat Wassen en End hett, de is dicht bi. Hier un dor sünd wi dor al över weg. Kunnen wi in Dütschland 1960 (rekent för Westdütschland) noch 80 % van dat sülvst winnen, wat wi brükt, sünd dat 2015 al 99 %.

Wenn de Minschen dat henkregen, de Grundlaag van´t Leven up de Duer to sekern, so müssen se vörweg de Gier un denn ehre Dösigkeit överwinden. Müüs frêêt dat Grönland kahl, bit se starvt (Is faken up Moor un Klei in Butjadeland so wesen), Wandergrashoppers groit över sik sülvst weg, bit nix mehr to freten dor is; so gifft et veele Bispillen, wo de Gier de Deerten upfrett. Sütt dat ne so ut, as wenn ok de Minsch up disse Spoor vöran geit? Man dat schall woll noch lange düren, denn in´t Utklamüsern van Hülp un Utweg is de groot.

Wat de Experten bi all dat Spökenkieken vergeten doet, is, dat de 2,5 Milliarden Minschen, de noch us Eerd vullmaken schölt, so lange us egen Kinner noch levet, ok all Daag ´n warmt Eten brükt. Dat heet, dat mit den Towass van de Minschental ok to bedenken is, dat de Füer anböten möt, also Eten kaken. Dor kamt also noch so rundweg dusend Millionen Füersteden to. Dat bedütt:

Lüttjet wöst, dröög Land in´n Balkonkasten up suder Sied mit dor woll wassen Planten, lüttjet Miegölkenvolk, un alleen levende Immen un Wepsen. Pleeg ne nödig.
Af un to Regen, ok in´n drögen Sömmer, langt.

Böhm weerdt afslaan, Strüker un Holt ward van de Bargen dal un ut de Steppen heruttaagt. So schünnt wi mehr un mehr CO2 in de Atmosphäre, dor hӧövt wi ne mal en Auto üm ansmieten. Mit dat Plantenleven, dat wi verbrennt, ward ok minner CO2 bunden. Dat mött all in de Luft un in´t Water. Dor speelt sik denn mit dat Utkalken af, dat de Korallen verswindt un dat Water van de See surer un surer ward. Mit dat Verteren van de Korallen verswindt denn ok so mennig Stück Land.

KLIMAGIPFEL

Nüms hett hier glövt, dat et bi dissen Giga – Mega – Kongress, dat weer nun schon de negnuntwintigte mit 50.000 Diplomaten un Hoog Volk to en goot End kamen kunn. As dat losgung, keem een satten Regen van Hohn un Spott över dat Wark. Wat harr man ne al all över sik kamen laten? „Grenzen des Wachstums" 1972, nach de Landen von de Minschen up den Mond, „Global 2000", Enquete-Kommission, Bonn; NASA 2014", „Laudato si 2015".

En Spier hulpen harr woll de Konferenz van Rio 1992, wor naast in 1.200 Kommunen in Dütschland wat för us Leven up Duur, also in de Tokumst ok för us Kinner un Enkel makt ward. In Oldenborg hett de Raad denn ok al 1996 besloten, dat de Agenda-Prozess in Gang sett ward. De Lüe schalt sik dor överlegen, wo dat Leven ökologischer to maken weer. Dat Agendabüro van de Stadt vertellt, wat is, up 0441 235 3246, un man kann´t ok in´t internet finden. Man de Prozess is mit de Jahren düchtig afteert. In de 20 Jahr, de ik dor bi bün, kann ik över dat Afsmülten un Afteren allerhand vertellen. In de Schrievstuven van de Stadt hett man de Agenda besünners in´t Oog, se hefft dat verstahn, dat dat to doen is.

As ik vör tweunnegentig Jahr op de Werld keem, do hett man noch mit Peerde plögt, knojen heeten dee und riskant weer, man ok een moi Beleven in un mit de Natur. Vandaag sit de Buer in klimatiseerde Trecker un lett sikbi't plögen van Satelliten stueren. De Kinner lepen na't School faken över Kilometers. Vandaag geit dat mit 150 un mehr PS na de School. Is noch ne lang her, do schreven de Lü noch mit de Hand Breeve op Papier, un de gungen ok in jeden Hörn van de Werld. Vandaag suust dat över de Cloud rund um den Kluten, de Eerd nömt ward. Wenn ik dat verglieken doe, fallt mi up, wo gau allens wurden is un wat för die junge Lüde all mögelk is.

12. Översetten van plattdütsch Wöörd

Up een paar Wöörd in dat Platt van dat Oldenborger Freesland *(1950); (LS = Lautsprache)
Verklaren (zur Grammatik lese man: Ruckzuck – Kurzkurs---- Plattdeutsch von Günter Brüning, (in Vorbereitung)
In dem Industrieort Zetel kamen Familien aus dem gesamten plattdeutschen Sprachraum zusammen; entsprechend das vielfältige Vokabular, heute oft verklungen.

Plattdütsch – Hoogdütsch

Aar = Adler LS: oar
Baas = Boss, Chef LS: boas
Biten, beet, beten, he bitt = beissen, biß, gebissen, er beißt
Bowark = Bauwerk, LS: boowaark
Bollwark = Festung, ins Französische, dort heute Boulevard (auf dem ehem. Wall)
Bröden, brödde, brött = brüten, brütete, gebrütet
Broen (LS = broo-en) = brauen
Büx, Pl. Büxen = Hose, Hosen
Buten, = ohne, draußen
Deeg (LS=Deech) = Teig
Dwo = Lauenburger Ton
Faken (LS-Mischvokal a=ao) = oft
Flitje, Pl. Flitjen = Flügel
Fuhrenkamp Pl. – kämpe = Kiefernwald (Föhrenfeld)
Geest = güstes (nährstoffarmes) Land
Geil = üppig (gedeihend)
Gest (LS=Gäst) = Hefe
Groien, groide, groit = wachsen, wuchs, gewachsen
Haarsöckel, Pl. Haarsöckels = Strumpf (sh. Strump)
Hörntje, Pl. Hörntjes = Hornisse, Hornissen
Imme, Pl. Immen = Biene , Bienen
Jökel = Eis, das von oben fließt; Eiszapfen, Gletscher
Kees = Käse
Kloot , Klütje = Klumpen, Cluster, Erdball
Knujen (LS=knoijen) = schuften, hart arbeiten
Knojern = Schwerarbeit leisten
Küselkloot = wirbelnder Klumpen
Laway = Streik
Leep = schlecht, übel, unangenehm

Meer = Binnensee
Miegölk (LS=Miechöhlk) Pl. - en = Ameise
Mögen, mugg (LS=much), muggt (LS=mucht) = mögen, mochte, gemocht
Mügge (LS = Mürch) Pl. –n, (LS=Mürgen) = Mücke, Mücken
Natur up Duur = Nachhaltigkeit der Schöpfung
Nutied = Gegenwart
Över = Ufer
Pad = Pfad, Weg
Pettmansülven = Fahrrad
Plaseertouren = Lustreisen
Poetje, Pl. -s (LS=Pootje)= Schweinefuß
Poggenstoo , Pl. - stööl (LS=Porg...) = Hutpilz
Quad = böse, übel, schlecht
Riemel, Pl. - s = Gedicht
Rotten Holt = verfaultes Holz
Schill = Muschelkalk
Schölen, schull, schullt = sollen,
Stede (LS=Stää) = Stätte, Stelle
Stiege, (LS=Stiech) = 20 (alter, nur noch wenig gebräuchlicher Mengenbegriff, meist als „halve Stieg“ = 10 beim Einkauf von Nahrungsmitteln)
Strott, Pl. - en = Kehle, Schlund
Strump, Pl. Strümp = Strumpf, Strümpfe (sh. Haarsöckel)
Stuken, stukde, stukt = gerinnen, gerann, geronnen; auch: stauen,
Swack = schwach
Swamm, Pl. –en = niederer Pilz, Schwamm
Teck, Pl.= Tecken = Zecke, Zecken
tohoop = zusammen
trügge (LS=trürch) = zurück
Tuun, Gardon (LS= Goorn) Pl. Tunen = Garten, Gärten
Twei = kaputt, erschöpft
Veganer = ausschließlich Pflanzliches als Speise nutzend
Vegansch -sk = veganisch ausgerichtet
Verneelen = zerstören
In de Wacht = im Gleichgewicht
Wat = was
Werld (LS=Welt) Pl. -en = Welt
Well = wer
Wo = wie glg. auch Ho
Wor = wo (S=var, NL=waar, Engl=where)
Woord, Pl. Wöörd (LS=Wöör) = Wort, Wörter
Wulf, Wulfs = Wolf, Wölfe

12.1. Plantennamen (Hoog – Platt)

HOOGDÜTSCH	PLATTDÜTSCH	LATINSK
Ackersenf	Keddik H	Sinapis
Ahorn F	Lönn, F, Mepel, H	Acer
Ampfer	Süerke, Süülk	Rumex
Andel, Salzschwaden	Twillandel H	Atropis
Arnika, Bergwohlverleih	Wulfsbloom, H	Arnica
Binse	Rüsch, F	Juncus
Birke	Bark, F	Betula
Buche, Rotbuche	Book, Böök, F	Fagus
Buche, Weiß-,Hainbuche	Hageböök, F	Carpinus
Dachwurz	Donnerlook, F	Sempervivum
Eberesche	Quäkenboom, H ,Pipimai, F	Sorbus
Efeu	Iloof, H	Hedera
Eibe	Ibe, F, H	Taxus
Eiche	Ek, Eek, F	Quercus
Engelwurz	Scharpenpiepen H	Angelica
Erle	Eller, F	Alnus
Esche	Eskenboom,F	Fraxinus
Faulbaum	Spräkelboom, H	Frangula
Gagel	Porss,F	Myrica Gale
Gänseblume	Maienblom, H	Bellis
Geißblatt	Sugels, Sugertittken, F	Lonicera
Gemüse	Gröntügs, F	Olus
Giersch	Hirsch un Horschen, F,H	Aegopodium
Ginster	Brahm, Braam F, H	Genista
Gundermann	Kruup dör den Tuun, H	Glechoma
Hederich	Hedderk F	Raphanus
Hollunder	Siekbäärn, Ellhoorn, H	Sambucus
Hülse	Hülsebusch	Ilex
Huflattich	Bullerblad F	Tussilago
Igelkolben	Ileken H	Sparganium
Kamille	Moderkruud, H	Matricaria
Klee	Klever	Trifolium
Klette	Kliev ,F	Arctium Lappa
Knoblauch	Knufflook, H	Allium
Krebsschere	Hektskruut H	Stratiotes
Kronsbeere (Preisselbeere-)	Kronsbeer, F, Tütjebeer, H	Vaccinium
Labkraut (klebendes)	Kliew, F, H	Galium
Löwenzahn	Hunnebloom, H,Perdebloom,	Taraxacum

Moorlilie, Beinbrech	Schosterknief,, H	Narthecium
Möhre	Wuddel, F	Daucus
Pfaffenhütlein	Spinnelboom, F,H	Evonymus
Pfefferminze	Krusemint,F, Pepermint	Mentha
Pflaume	Pluum, F	Prunus
Pfeifengras	Bent, F	Molinia
Queller	Krükkfoot (Stührenburg)	Salicornia
Rainfarn	Drusenkruut, H	Tanacetum
Rohrkolben	Schorsteenfeger F	Typha
Saatwucherblume	Quade Bloom (Böse Blume)H	Chrysanthemum
Schafgarbe	Rolegg, H	Achillea
Schachtelhalm	Kattsteert, Tinnkrut, F, H	Equisetum
Schlehe	Swartdoorn, F	Prunus spinosa
Schwaden, flutender	Slabbergras, H	Glyceria
Schwertlilie	Obärs-, Störkenbloom,H	Iris
Sumpfschachtelhalm	Duwock, F,H	Equisetum palustre
Sonnentau	Spölkrut, H	Drosera
Spörgel	Nägenknee, H	Spergula
Stechpalme	Hülsebusch, F	Ilex
Strandaster	Sültje, H	Aster
Sumpfkalla	Snakenwuddel, H	Calla
Taubnessel	Sugels, H	Lamium album
Ulme	Iper, Elm, FR, H	Ulmus
Vogelmiere	Hoonarfk F	Stellaria
Wasserlinse, Entenkraut	Antenquabbels, F	Lemna
Wasserrose, weiß	Witte Poppelblome,H	Nymphea
Wasserrose, gelb	Bubberbloom, H	Nuphar
Wegerich	Fiefaderbläder F*LS sh.unten	Plantago
Weide	Wichel, F	Salix
Weißdorn	Meelbeerenboom F	Crataegus
Wermuth	Muggert, WürmkenH, F	Artemisia
Wiesenlieschgras	Thimotee, F	Phleum pratense
Wiesenschaumkraut	Kiwietsbloom, H	Cardamine
Zwiebel	Look, H	Allium

12.2. Deertennamen (Hoog – Platt)

Quelle : muttersprachliches Wissen und Freunde= F; Böning = Bö, Taux=T; X=nicht bekannt

X = noch zu benennen

Affe	Aap	NL=Aap, S=apa, UK=ape
Ameise	Miegölk (viele plattd.Namen)	NL=mier, S=myra, UK=ant
Bär	Baar F.	NL=beer, S=björn,UK=bear
Barsch	Bors, F	NL=baars, UK=perch
Bekassine	Beverbuck F	X
Biber	Bever F	NL=bever,S=bäver,UK=beaver
Biene	Imme F	NL=bij, S=bi, UK=bee
Brachvogel	Gütvagel T	X
Egel	Ihle F	NL=bloedzuger, S=igel
Eichhörnchen	Kattekerken F	NL=eekhoorntje, UK=squirrel
Eidechse	Erdsluk F	NL=hagedis, S=ödla,
Elster	Heister F	NL=ekster, S=skata
Eule, Käuzchen	Uhl F, Kattuhl, T	NL=uil, S=ugla, UK=owl
Fliege	Fleeg F	NL=vlieg, S=fluga, UK=fly
Frosch, (See-Teichfrosch)	Pogge, (Butjenter	NL=kikker, S=groda, UK=frog

Fuchs	Foss, Reinke Foss F	NL=vos, S=räv, UK=fox
Gans	Goos F	NL=gans, S=gas, E=goose
Habicht	Havk F	NL=havik, S=hök, UK=hawk
Habichthorst	Havekost	X
Hecht	Hekt, Snoek F	NL=snoek, S=gädde, UK=pike
Heuschrecke	Grashopper F	NL=sprinkhaan,UK=grashoppe
Hornisse	Hörntje F	NL=horzel, UK=hornet
Hummel	Mossimme F	NL=hommel, S=humla
Igel	Stikelswin, Swin- Tuunêgel,	NL=egel
Jungrind, weibl.	Quene, Beest F	X
Kalb	Kalv F	NL=kalf, S=kalv, UK=calf
Karpfen	Karp F	NL=karper, S=karp, UK=carp
Kaulbarsch	Sandpuster F	X
Kaulquappe	Pidelpogge, Steertpogge, F	NL=kikkervisje, S=grodyngel
Kranich	Kron Bö	NL=kraan, S=trana,UK=crane
Kreuzotter	Adder F	NL=adder, S=huggorm
Kröte	Padde F; Ütsepogge F	NL=pad, S=padda, UK=toad
Lachs	Lass F	NL=zalm
Libelle	Kohstertje F	NL=libel
Laus	Luus F	NL=luis, S=lus, UK=louse
Lerche	Lerke, Lauerke F	NL=leeuwerik,S=lärkaUK=lark
Maikäfer	Eckermutt F	NL=meikever
Marienkäfer	Sünnküken F	NL=lieveheersbeestje
Maulwurf	Fröt, Mull, Winnewupp	NL=mol, S=mullvad,UK=mole
Mücke	Mügge F	NL=mug, S=mygga,UK=midge
Regenwurm	Öhlk F, Pier	NL=regenworm, pier
Rohrdommel	Iprump F	X
Schermaus	Wöhlmuus F	X
Schmetterling	Bottervagel F	NL=vlinder
Schnäpel, Wandermaräne	Nöske F	X
Schnecke	Snigge F	NL=slak
Schwalbe	Swalk F	NL=zwaluw
Schwarze Wegschnecke	Tukktakk, St	
Seeadler	Goseaarn, ?	NL=zeearend
Seehund	Rubb ? Saalhund ?	NL=rob,
Sperling, Spatz	Lüüntje, Lüning, Lünk, F	NL=mus
Spinnengewebe	Spinnweev, F	NL=spinneweb
Star	Spree F	NL=spreeuw
sSteinschmätzer	Dickschieter, ?	X
Stichling	Stikelstang, Stiekelstagge F	X
Storch	Obär, Stork F, Bö	NL=ooiewar
Taube	Duuv, F	NL=duif
Täuberich	Duffert, F	NL=doffer
Teller-, Posthornschnecke	Tikketakke, St	
Taumelkäfer	Schoster, F	X
Tier	Deert, F, Bö	NL=dier
Tipulalarve	Emel, F	X
Totenkopfraupe	Hunnekröpel, Bö, Schoon	X
Truthahn	Kalkuun, F	NL=kalkoen
Uhu	Schufut, Bö.	NL=oehoe
Wachtel	Kütjeblick, bö	NL=kwartel
Wallach	Ruun, F	NL=ruin
Wasserläufer	Snieder F	X
Wattwurm	Pier, F	NL=pier
Weibliches Tier -allgemein	Ö	X
Weißfisch (Cypriniden)	Luk, Wittfisch F	NL=witvis
Wespe	Weps, F	NL=wesp
Wiedehopf	Puvagel, F	UK=hoepoe
Wiesel	Werserk, F;Weselken,Wessel	NL=wezel, UK=weasel
Wolf	Wulf, F	NL=wolf, UK=wolf,
Wurm im Schafshirn	Quese (Drehwurm), Bö	X
Zaunkönig	Kortjan, Tuunkrüper, F	NL=winterkoninkje
Zecke	Teek F	NL=teek, S=festing, UK=tick
Zeisig	Zieske, Bö	S=grönsiska, UK=siskin
Ziege	Zääg (in Lüneborg: Tääg) F	NL=geit, S=get, UK=goat

13. Deele van´t Liev van Deerten

HD	ND NL, DK, S, UK, ISL
Arm, -e	Arm, -s, NL, DK, S, UK=arm, ISL=armur
Bein, e	Been, -en; NL, DK, S = ben, ISL =fót
Bauch, Bäuche	Buk, -en ; NL=buik, DK=bug, . S=buk
Blut	Blood, NL=bloed, DK=blod, ISL=blód, UK=blood, ISL=blód
Ellenbogen	Ellbaag, NL=ellebog, DK=albue, ISL=olnbogi, UK=elbow
Ferse,-n	Hack, en, NL=hack, hiel, DK=hael, S= hál, ISL=haell, UK=heel
Finger	Finger, NL=vinger, S,DK,UK=finger, ISL=fingur
Flosse, n	Floss, -en, NL=vin, DK=finne, S=fena, UK=fin
Flügel	Flögel, JV=flitje, flunk, NL=vleugel, DK=flygel, S=vinge,
Fuß, Füße	Foot, Fööt, NL=voet, DK=fod, S=fot, ISL=fotur, UK=foot
Haar, -e	Haar, NL=haar, DK,S,ISL=har, UK=hair
Hals, Hälse	Hals, ebenso NL,DK, S, ISL,
Hand, Hände	Hand, ebenso NL, DK, S, UK, ISL=hönd
Haupt, Häupter	Hööft, -en, NL=hoofd, DK=hoved, S=huvud, ISLhöfud, UK=head
Haut, Häute	Huud, Hüüd, NL=huid, DK=hud, S=skinn, hud, UK=skin, ISL=hud
Knie	Knee, -n, NL=knie, DK=knae, S=knä, ISL=kné, UK=knee
Knochen	Knaak, Been, NL=knook, been, DK, S=ben, ISL=bein, UK=bone
Nacken	Nack, -en, NL=nek, DK=nakke, S=nacke, ISL=hnacki, UK=neck
Penis	Piedel, Pint
Rücken	Rügg, NL=rug, DK=ryg, S=rygg, ISL=hryggur,
Schienbein	Scheen, -e, NL=scheenbeen, S=skenben, ISL=sköflungur
Tatze	Poot, Klau, NL=klauw, DK=pote,
Vagina	Pyth, Kutt, NL=schede, S=slida, ISL=skeid
Zahn , Zähne	Tên,-en, NL, DK, S=tand, ISL=tönn
Zeh, -en	Teen, -en, NL=teen, DK,S,ISL=ta, UK=toe
Anmerkungen	
Zitze, - en	Titt, -en, NL= tepel, S=spene, UK=teat

14. Brükde Literatur un anner Quellen

Fotos und Zeichnungen: Verfasser (GB), Walentowitz, S (S.W.), Gerdes, N (N.G.), Hinck (WH)
Akkermann, Remmer, mündlich u. div. Schriften,
Brumund-Rüther, Ede, mündlich u. div. Schriften
Die Heilige Schrift, Preuß. Hauptbibelgesellschaft, Berlin, 1925
Fuhrhop, Daniel: „Verbietet das Bauen“ 2015 oekom verlag, ISBN 978-3-86581-733-4
Global 2000, Regierungsamtliche Studie der USA, 1981
Huntemann, J. „Die plattdeutschen Namen der Pflanzenarten“ Verlag der Oldenburgischen Landwirtschaftskammer, Oldenburg, 1931
Maeterlinck, Mauric : „Das Leben der Bienen“, Fischer Bücherei, 1953
Meadows, „Die Grenzen des Wachstums“
Papst Franziskus: Enzyklika „Laudato si“, 2015
Paech, Niko, „Befreiung vom Überfluß“, oekom verlag, ISBN 978-3-86581-181-3, 2012
Salva, Jens, mündlich u. div. Schriften
Stugren, Bogdan, „Grundlagen der Ökologie“ VEB Gustav Fischer Verlag, Jena, 1972
Wittig/Streit „Ökologie“, Ulmer, Stuttgart, 2004
De Sède Das Geheimnis der Goten, 1980, Walter Verlag Olten, 1980, ISBN3-530-81201-3

15. Kurze Anmerkungen zur Lautsprache des Niederdeutschen

überwiegend in der Mundart der seit dem Zeteler Frieden vom 03.12.1517 oldenburgischen Friesen

De Verscheel na dat Hoogdütsch is deelwies düdelk.

Dat an´t End staende „G“ ward ND so as en week „CH“ spraken, so Magdeburg, LS Machdeborch, dat bit in de nee Tiet nedderdütsch (sassisch) weer. So bi: hoog (hoch), boog (bog), floog (flog), noog (genug), droog (trog, trug), man ok bi Tog (Zug), Hartog (Herzog). Mücke, Brücke, zurück. Man schrifft ND: Mügge, Brügge, trügge, flügge usw., utspraken in´t Oldenborgsche (LS) faken as Mürch, Brürch, trürch, flürch, dat „R“ man jüst andüdet.
Die hier beachteten Regeln entsprechen meinem im Umgang mit den Spiel- und Schulkameraden, den Kunden der Spar- und Darlehnskasse Zetel, dem beruflichen Umfeld, der Sprachpraxis in der Familie und Verwandtschaft in den umliegenden Bauernschaften und alltäglichem Gespräch erworbenen Wissen und Sprachempfinden von 1936 im Zeteler Kindergarten bis zu dem 2020 spärlich gewordenen plattdeutschen Gegenwart in Oldenburg.

Dat „D“ binnen van een Woord ward meerst utspart un ne utsproken (stillet D), wenn na dat „d“ en Vokal kummt..Bispill: Zufrieden =tofreden =LS=tofrêen. Conneforde (LS= Connefoor), Eckernförde (.LS= Eckernfröör), Apenrade (LS= Abenraa), Friedeburg = Fredeborg=LS=Freeborch, Oldenburg =Oldenborg=LS=Ollnborch, leiden=liden, LS=liern, sagte=sede, LS=sä, Westerstede =LS=Westerstää, Leute=Lüde=LS=Lüü, Schmiede=Smede=LS=Smêe; Schlitten=Slede=LS=Slää. Bi mi gifft dat also ´n Verscheel tüsken schreven un utspraken Wöörd. So kam ik ok dichter bi anner Spraken in de Nedderlannen un Skandinavien DK, S, N, NL.
Up disse Wies, dücht mi, bliev ik bi de Wurteln van de Spraak. Bün ik sowiet unmodern?
Bläder (Blätter) werden ohne das stumme „D“ ausgesprochen: etwa „Blöör“, Räder = Röör
Die Grundregeln der Sprachkunde können im Rahmen dieses Büchleins nicht ausführlich dargestellt werden und bleiben daher weiter unberührt.

Die bemerkten Unterschiede zu der eigenen Sprachkenntnis sind der Tatsache geschuldet, dass es eine Unzahl von niederdeutschen Dialekten gibt, die sich aus der Geschichte erklären lässt; dass es viele Stämme (200 ?) vor dem Jahre 1000 mit jeweils eigenen Dialekten der gleichen Sprache gab, also vor der Scheidung des „Hochdeutschen“ von dem jetzt so genannten „Niederdeutsch“ und den Sprachen der Skandinavier. Kann man so sagen, daß alle germanischen Sprachen nördlich der „Benrather Linie“ die Laute nicht oder kaum verschoben haben? Näheres hierzu in „KURZKURS – RUCKZUCK –Plattdeutsch auf schnelle, einfache und auf ergiebige Weise“, Oldenburg, Isensee 2023 (geplant)

DANKSAGUNG

Dem Verleger Florian Isensee gilt mein Dank für seine verständnisvolle Begleitung, und den Brüning-Jungens Claas, Cord und Sebastian für ihre „Rechner“ - hilfen sowie für fachlichen Rat von Heinz Frerichs, Dr. Paech, Hermann Hinrichs, Johann Hanken, Dr. Taux, Dr. Akkermann, Hermann Schmidt, Dr. Salva, Daniel Fuhrhop und meinen Lehrern Dr. Burghause, Dr. von Denffer und Dr. Ankel für Erbauung und Hilfe.

Ganz zum Schluß eine Aussage des italienischen Meisters Leonardo da Vinci, (1511 bis 1595) über die Zukunft, so wie ich sie mir irgendwann in den 6oer Jahren eingeprägt habe:

„Es wird keine Grenze geben für ihre (der Menschen) Bosheit
und mit Wildheit werden sie die großen Bäume und Wälder zu
Boden reißen.
Nichts auf Erden, unter der Erde oder im Wasser wird es
geben, was nicht verfolgt,
aufgestöbert und verdorben wird“.

ENDE